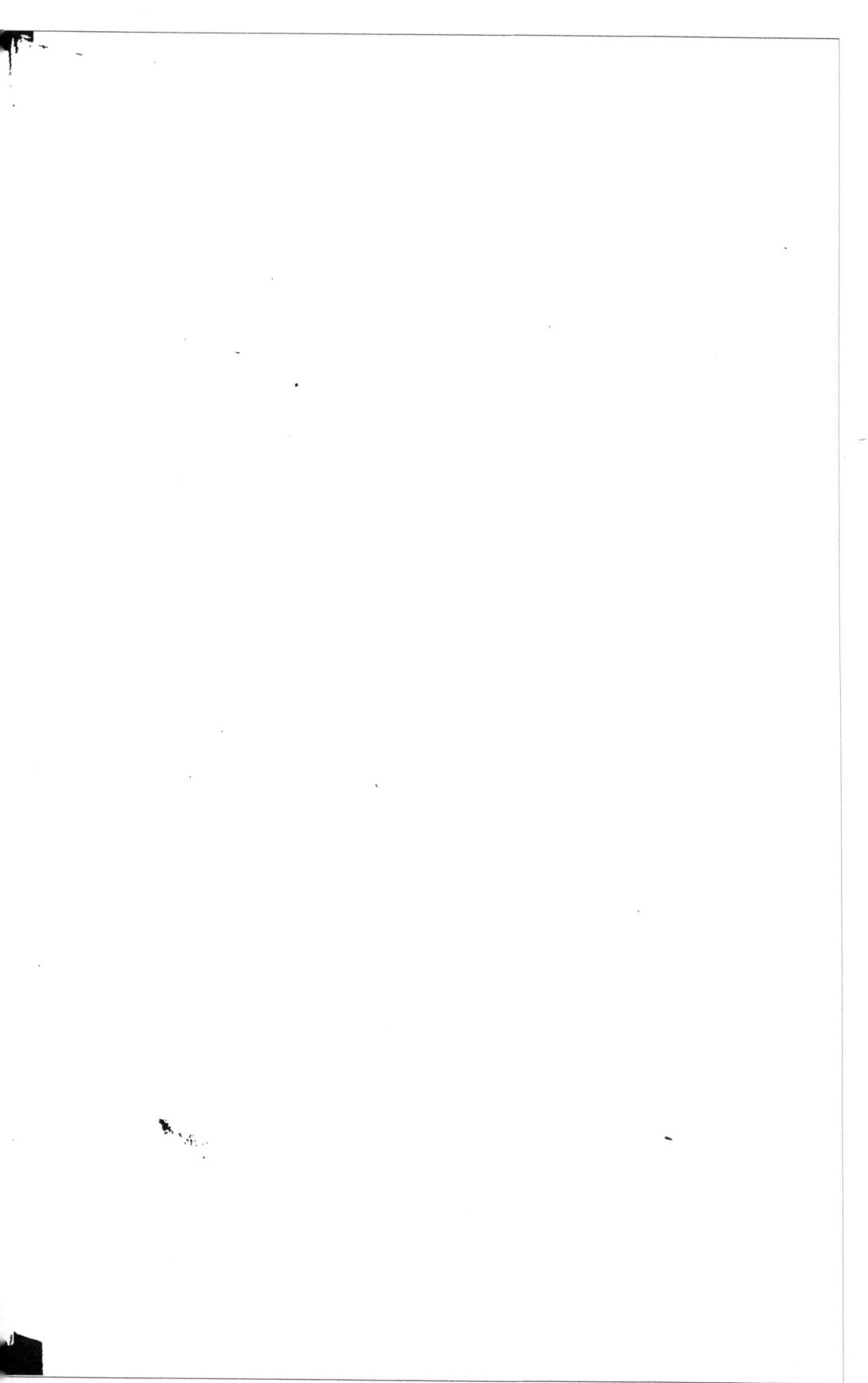

$Tb\frac{10}{9}$

ESSAI

SUR

L'ORIGINE DU MOUVEMENT

ET DE

LA VIE DES ANIMAUX.

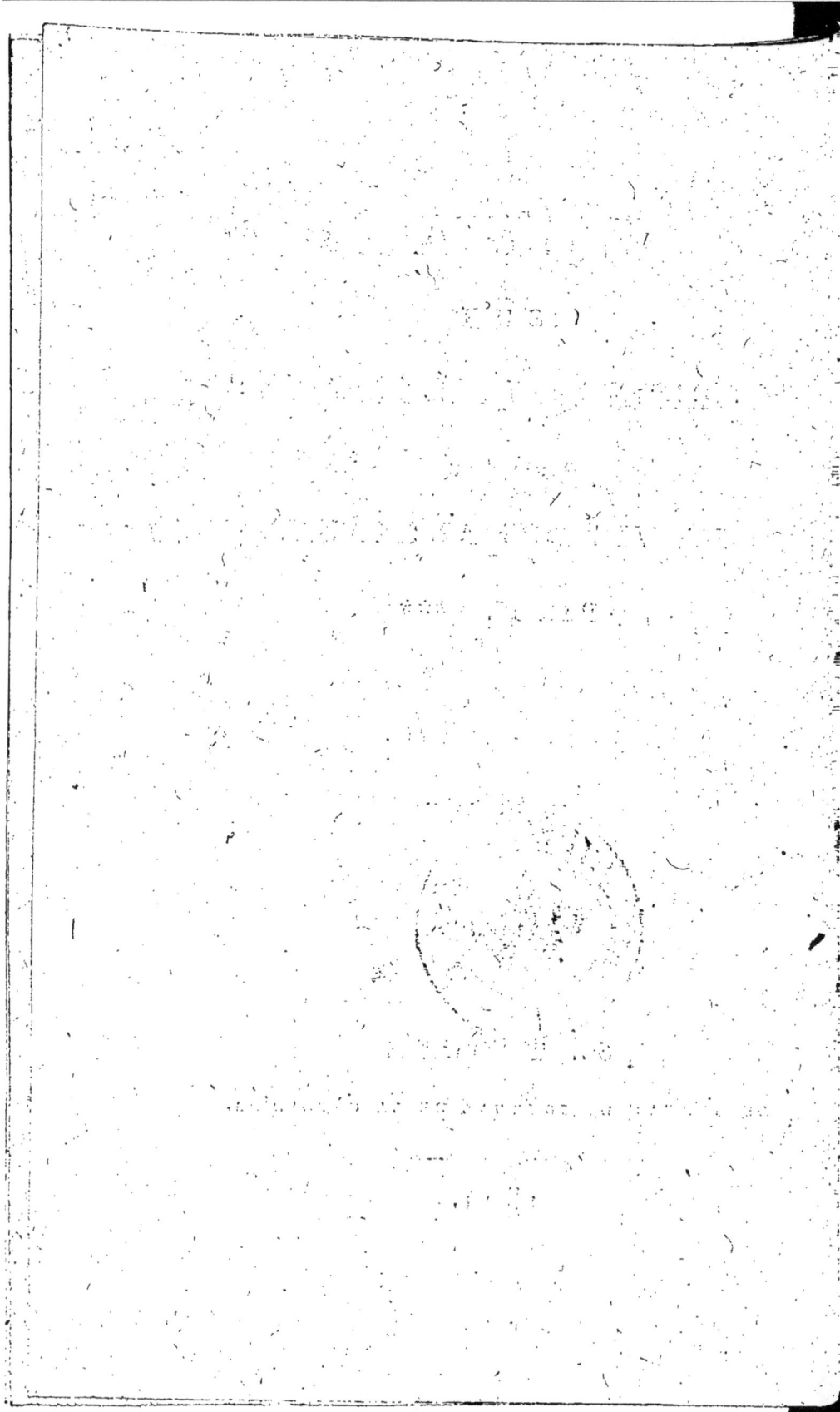

ESSAI

SUR L'ORIGINE DU MOUVEMENT

ET DE LA VIE DES ANIMAUX.

Une question importante qui occupe depuis long-temps les savans, est celle qui a pour objet de découvrir quelle est l'origine du mouvement et de la vie des animaux. Cette question a dû, une des premières, exciter la curiosité des hommes, parce que leur existence en dépend : aussi a-t-elle été le sujet des méditations profondes de la plupart des philosophes tant anciens que modernes; mais par un hasard singulier, elle a échappé à toutes les recherches, et personne, jusqu'ici, n'a pu en trouver la véritable solution. On commence même à la regarder comme un de ces mystères qui passent les bornes de l'intelligence humaine, et dont la nature s'est réservé le secret. Mais loin d'adopter de pareilles idées, qui ne sont propres qu'à retarder le progrès des sciences, on doit s'armer d'un nouveau courage,

1

et se persuader que rien n'est inaccessible à l'esprit humain, que ce qui est opposé à la raison. Or, la question dont il s'agit ne présente rien de semblable, et l'on peut même, sans de grands efforts d'imagination, en donner une explication simple, naturelle, et d'autant meilleure qu'elle est appuyée sur des observations et des expériences nombreuses. C'est ce que j'entreprends d'essayer aujourd'hui; et quoique je ne me flatte pas que le système que je vais exposer, quelque évident qu'il me paraisse, puisse réunir tous les suffrages, cependant j'espère que s'il a des contradicteurs, il trouvera aussi des partisans. C'est dans cette confiance, et sans faire un plus long préambule, que j'entre sur-le-champ en matière.

Quelle est l'opinion la plus vraisemblable sur l'origine du mouvement?

Parmi les différentes opinions que cette question a fait naître, celle qui attribue au feu l'origine du mouvement, est une des plus anciennes, et celle qui paraît la mieux fondée: elle est très-ancienne, puisqu'elle existait avant qu'on eût inventé la fable de Prométhée, qui déroba, dit-on, le feu sacré dans le ciel pour animer l'homme, ce qui suppose qu'on regardait dès ce temps-là le feu comme le principe de la vie des hommes. Elle est aussi la mieux fondée, par une raison qui paraît sans réplique, c'est que le feu est le seul de tous les êtres qui ait du mouvement par lui-même, sans l'emprunter d'aucun autre, et en conséquence le seul qui soit en état d'en communiquer. En effet, le mouvement est tellement essentiel et inhérent à la nature du feu, qu'il ne cesse de se mouvoir que lorsqu'il cesse d'exister, c'est-à-dire, quand faute d'aliment il s'éteint et se dissipe en particules insensibles ; et pour se convaincre qu'il est le seul qui jouisse de cette faculté, il suffit de choisir telle espèce de matière qu'on jugera à propos, et on la trouvera froide, inanimée et dans le repos de la mort ; ou si par hasard le feu lui a communiqué quelque mouvement passager, elle ne tardera pas à le perdre, dès qu'il cessera d'exercer son action sur elle.

Le corps même des animaux, quelque disposition qu'il paraisse avoir au mouvement à cause de son organisation, est soumis, comme toute autre matière, à la loi générale de l'immobilité, parce qu'il ne renferme en lui aucun principe de mouvement, et qu'il ne peut en acquérir que par un moyen étranger, c'est-à-dire par le feu qui en est la source.

Ces faits étant constatés par l'expérience, il en résulte que la vie des animaux ne consistant que dans le mouvement, le feu qui en est le principe, est aussi le principe de leur vie.

La première proposition n'est pas douteuse : point de mouvement, point de vie, est un axiome généralement reconnu pour vrai ; et s'il avait besoin de preuve, il suffirait de considérer que le froid qui est l'opposé de la chaleur et du feu, n'est un des plus grands ennemis de la nature vivante, que parce qu'il fait cesser le mouvement qui est le principe de la vie, et qu'il cause la mort quand on s'y expose sans précaution. Aussi trouve-t-on, pendant les hivers rigoureux, des voyageurs surpris du froid, morts sur les chemins, sans autre maladie que la cessation totale du mouvement. Ainsi, le feu donne la vie parce qu'il communique le mouvement, en quoi consiste la vie ; et le froid donne la mort, parce qu'il fait cesser le mouvement, en quoi consiste la mort.

Objection. Mais, dira-t-on, si le froid peut causer la mort, le feu est encore plus dangereux, et il est difficile de se persuader que cet élément qui dévore tout, puisse subsister dans le corps des animaux pendant toute la durée de leur vie, sans détruire en peu de temps ce fragile édifice.

Il n'en faut pas douter ; voilà la principale raison qui a fait presque entièrement abandonner le système du feu considéré comme principe du mouvement et de la vie des animaux ; tous les philosophes se sont arrêtés là, et personne n'a osé franchir cette barrière : voilà pourquoi la question qui fait depuis plusieurs siècles l'objet de tant de recherches, n'est pas encore résolue. Il est temps enfin de faire disparaître ce vain épouvantail qui, loin de nuire à notre système, ne sert au contraire qu'à le confirmer. En effet, quoique le feu qui nous anime n'ait pas la même ardeur que celui de nos foyers, et que dans l'état de santé il n'excite en nous qu'une sensation de chaleur très-modérée, cependant il est des circonstances où son activité se déploie de manière à causer de grands désordres. C'est ce qui arrive dans les maladies inflammatoires qui mettent souvent la vie en danger, et qui démontrent évidemment qu'il existe en nous un principe de feu; et pour faire connaître qu'il n'est pas aussi dangereux qu'on se l'est imaginé, il suffit de savoir quelle est son origine, et il y a tout lieu de croire qu'il n'en a pas d'autre que le soleil. En effet, ce globe immense qui roule sur nos têtes, verse continuellement sur la terre des torrens de feu et de lumière dont les particules s'insinuent par le moyen des organes dans le corps des animaux, et y portent le mouvement, la chaleur et la vie.

Mais pour que la matière jouisse de cet avantage, il est nécessaire qu'elle soit pourvue d'organes, par le moyen desquels elle reçoit le mouvement, le conserve et le propage dans toutes les parties du corps animal ; et c'est ce qui distingue ce dernier de la matière brute , qui , quoiqu'exposée aux mêmes influences du soleil , n'est susceptible ni de vie ni de mouvement, parce qu'elle n'est point organisée. Si au contraire on considère la structure intérieure et extérieure du corps des animaux , on est étonné de voir la quantité de ressorts , de leviers et de machines de toute espèce qui sont employés pour opérer ce grand prodige, qui consiste à faire voir , entendre , agir , marcher, parler, en un mot donner le mouvement, le sentiment et la vie à une masse de matière morte et insensible , telle que le corps des animaux ; et ce prodige dépend tellement du bon état et de la perfection des organes , que dès qu'ils commencent à se détériorer , comme il arrive ordinairement aux approches de la vieillesse, le corps s'appesantit , le mouvement, les forces et toutes les facultés diminuent à proportion du désordre que les organes ont souffert ; et quand ils sont parvenus à une dégradation générale , pour lors la mort est prochaine et inévitable , parce que le corps étant désorganisé, n'est plus que de la matière brute, incapable de mouvement et de vie.

Tel est en abrégé le système que j'ai annoncé, et qui n'a plus besoin que d'être développé et prouvé. Quelque simple qu'il paraisse, il n'en est pas moins vrai ; mais ce qui lui donne encore un nouveau degré de certitude, c'est qu'on n'a jamais douté que ce ne soit le soleil qui donne la vie aux végétaux, pourquoi ne la donnerait-il pas de même aux animaux? L'un n'est pas plus difficile que l'autre : les moyens qui font vivre les végétaux sont la chaleur et le mouvement, et ce sont précisément les mêmes qui font vivre les animaux. Les uns et les autres sont renfermés dans le même cercle d'activité du soleil, exposés aux mêmes influences, et pourvus d'organes destinés à les recevoir : les végétaux ont des fibres qui leur tiennent lieu de nerfs, ils ont des canaux de circulation pour la sève, comme les animaux en ont pour le sang; ils respirent par leurs feuilles, et ont, comme les animaux, leur sommeil pendant la nuit; enfin, la ressemblance est si parfaite, qu'il n'est pas possible de leur assigner différentes sources de vie.

D'ailleurs la nature n'emploie pas différens moyens pour produire le même effet, et si c'est le soleil qui donne la vie aux végétaux , il est plus que probable qu'il la donne aussi aux animaux. Ceux qui ont observé avec attention les opérations de cette mère commune de tous les êtres , ont remarqué que loin de multiplier les causes , elle n'emploie qu'un petit nombre de moyens géné- raux pour exécuter tous ses desseins ; mais ces moyens sont si puissans , que chacun d'eux pro- duit un grand nombre d'effets différens. Le pre- mier et le plus puissant de tous est le soleil , qu'on nomme avec raison le père de la nature, parce qu'il donne la vie à tous les êtres. Le second est la lumière , qui est la même substance que le soleil , et qui concourt avec lui à produire les mêmes effets; les autres sont l'air , l'eau et la substance terrestre. Cette dernière n'est qu'un élément passif , destiné à recevoir l'action des autres et à changer souvent de forme : tels sont les principaux matériaux qui sont entrés dans la construction du grand édifice de l'univers , et qui, malgré leur petit nombre , ont suffi pour produire toutes les merveilles qu'il renferme. Le spectacle pompeux qu'il nous présente , nous annonce à haute voix l'existence d'un Dieu qui en est l'architecte. Malheur à ceux qui n'entendent pas cette voix qui retentit d'un pôle à l'autre , mais qui , se laissant abuser par des systèmes absurdes , ferment les yeux sur cette première et éternelle vérité , comme les hiboux à l'aspect du soleil ! C'est parmi ces causes primordiales que nous venons de nommer , qu'on doit chercher l'explication de tous les phénomènes de la nature, parce qu'il n'en est aucun qui n'en dérive de près ou de loin.

Observation au sujet de l'action du soleil sur la lumière.

Il y a plusieurs années que je fis une observation que d'autres ont dû faire avant moi , mais à laquelle je crois qu'on n'a pas donné toute l'attention qu'elle mérite. J'avais ouï dire depuis long-temps qu'on voyait quelquefois des lumières et des feux follets errer dans la campagne quelque temps avant le jour. Cette remarque m'avait été confirmée dans la suite par plusieurs personnes dignes de foi qui en avaient été témoins, lorsque je me trouvai un jour en voyage aux environs du 15 novembre, une bonne heure avant le lever du soleil : le temps était fort sombre, et l'obscurité était encore augmentée par un brouillard épais ; j'ajouterai encore que j'étais à cheval et à portée de voir tout ce qui se passerait à l'entour de moi. Après avoir marché quelque temps dans les ténèbres, j'aperçus tout d'un coup plusieurs petits corps lumineux, à peu de distance de moi, qui se remuaient avec une grande vivacité, et qui paraissaient ou disparaissaient selon qu'ils étaient plus ou moins couverts du brouillard ; les uns avaient un mouvement à la fois circulaire et progressif, et décrivaient une ligne spirale ; d'autres étaient lancés en ligne droite comme des traits ; quelques-uns ressemblaient, pour le mouvement, à ces petits vers qui se trouvent quelquefois dans les fruits, qui se plient et replient avec vivacité et se tortillent dans tous les sens ; enfin, parmi un grand nombre de formes et de mouvemens différens, j'en remarquai d'une autre espèce qui

attirèrent plus particulièrement mon attention,
parce qu'ils étaient plus gros que les autres, et
qu'ils me parurent d'abord immobiles; ce ne fut
qu'en passant près d'eux que je reconnus que,
sans changer de place, ils avaient un mouvement
continuel d'oscillation, c'est-à-dire d'épanouisse-
ment et de resserrement alternatif; tous au sur-
plus brillaient d'une lumière vive et blanche
comme celle d'une bougie. Tel est le fidèle récit
de la scène qui se passa devant mes yeux pendant une demi-heure, et qui ne finit que quand
le jour commença à paraître.

Ayant essayé de deviner la cause de ce phénomène, je l'attribuai d'abord à des feux élec-
triques ou à des exhalaisons terrestres; mais peu
satisfait de cette explication qui ne pouvait convenir avec cette quantité de lumières qui n'avait
pas cessé de m'accompagner pendant l'espace d'une
demi-lieue de chemin, je ne doutai plus que ce
ne fût des globules de lumière élémentaire qui
commençaient à ressentir l'action du soleil qui
approchait de l'horizon; je jugeai même que ce
spectacle ne devait pas se faire voir tous les jours,

mais seulement les jours de brouillard , parce
que quand le ciel est sans nuages , ou lorsqu'ils
sont élevés à quelque distance de la terre , la
multitude innombrable de ces atômes lumineux
qui forment l'aurore , frappent les yeux tous à
la fois , et produisent un éclat et une confusion
de lumière qui empêchent qu'on puisse en dis-
tinguer aucun en particulier ; au lieu que pendant le brouillard , il n'y en a qu'un petit nombre qui se dégagent de l'obscurité , et qui se mon-
trant isolés , se font d'autant mieux remarquer
que l'obscurité est plus grande , comme un flambeau se fait à peine apercevoir pendant le jour ,
mais devient très-sensible pendant la nuit.

Après cette explication , considérant l'extrême
vitesse que j'avais remarquée dans les mouvemens
de la lumière , je commençai dès-lors à soupçon-
ner qu'elle et le soleil pouvaient être la source
de celui qui existe sur la terre dans toutes les
créatures animées, et je me suis tellement confir-
mé dans cette opinion par le nombre et l'évidence
des preuves que j'ai recueillies , que je la regarde
comme une des vérités les plus certaines. Voici

les principes sur lesquels elle est appuyée , et qu'il est nécessaire de connaître.

1°. Le soleil , qui est un globe de feu , est la source de tout le mouvement qui existe dans l'étendue du cercle de son activité ; de sorte que celui que nous voyons sur la terre n'est qu'un mouvement emprunté qui tire son origine de lui seul. Cette proposition est d'autant plus certaine , que l'expérience nous apprend à chaque instant que tous les êtres qui nous environnent n'ont aucun mouvement par eux-mêmes que celui de la gravitation qui les précipite contre terre sur laquelle ils demeurent constamment couchés , jusqu'à ce que quelques causes actives viennent troubler le repos qui est leur état naturel. On appelle causes actives , celles qui ont reçu du soleil la faculté de se mouvoir.

2.° Il existe une substance très-subtile , qui est la même que celle du soleil , et qu'on nomme la lumière ; elle pénètre par-tout par son extrême subtilité , même dans les lieux où l'air ne peut avoir entrée , et elle est répandue avec abondance dans l'univers jusqu'à des distances dont les bornes sont inconnues. C'est dans cet immense océan de lumière dont le soleil est environné et avec lequel il communique sans cesse , qu'il trouve de quoi réparer la perte de substance que des philosophes prétendent qu'il fait continuellement.

3.º La présence du soleil communique à la'lumière un mouvement assez considérable pour développer en elle le principe du feu qu'elle renferme , et pour la rendre visible et brillante d'invisible qu'elle est naturellement; de sorte que le jour n'est autre chose qu'une multitude de petits lampions que le soleil allume le matin à son lever, et qui s'éteignent le soir à son coucher.

4.º L'action que le soleil exerce sur la lumière donne la force à celle-ci de se réfléchir contre les corps qui s'opposent à son passage, ou de les pénétrer tous , plus ou moins , suivant leur densité , la direction de leurs pores , ou la vivacité de son propre mouvement ; il n'est point de matière que la lumière ne puisse pénétrer , si son mouvement est porté à un haut degré de violence, c'est ce qui arrive lorsqu'elle se convertit en feu.

5.º Cette action du soleil sur la lumière doit

être une espèce de frottement causé vraisemblable-
ment par la rotation de cet astre sur son propre
centre ; et il est d'autant moins douteux que le
frottement fait paraître la lumière, que dès qu'on
emploie ce moyen, elle paraît à l'instant, même
dans l'absence du soleil. C'est ainsi qu'on tire des
étincelles de la peau des animaux, d'une pierre
à fusil, de la machine électrique, et ce moyen
est si certain, et son effet si général, qu'il a
lieu même dans l'eau, puisqu'on voit pendant
la nuit, à la suite d'un vaisseau qui fend les
flots avec vîtesse, un sillon de lumière causé par
le frottement rapide du vaisseau contre la surface
de l'eau ; le même spectacle se fait voir encore
lorsque la mer est agitée, et que les flots s'entre-
choquent et se frottent avec violence. .

6.º Le soleil se trouve placé à la distance où
il doit être pour éclairer et échauffer la terre sans
la brûler ; en conséquence, le mouvement qu'il
communique à la lumière ne peut être que mo-
déré : mais il n'est pas douteux que si ce mouvement pouvait s'augmenter jusqu'à un certain
degré, il ne manquerait pas de causer un incendie
général.

On voit souvent, sur-tout pendant l'été, sur la surface de la terre, jusqu'à deux ou trois pieds de hauteur, des particules d'une matière subtile très-agitées, dont les unes descendent avec précipitation vers la terre, et les autres remontent avec la même vitesse, ce qui produit un certain frémissement, sensible à la vue, qui est causé par l'action du soleil et la réaction de la terre. Ce sont ces deux mouvemens opposés et le frottement qu'éprouvent en conséquence ces particules montantes et descendantes, qui produisent la chaleur, qui par cette raison n'est nulle part aussi forte qu'auprès de la terre, et qui diminue par degré à mesure qu'on s'en est éloigné ; c'est, dis-je, ce frottement qui se fait auprès de la terre qui serait capable d'y mettre le feu, s'il était augmenté jusqu'à un certain degré. La chaleur qu'il fait naître en est une preuve, et l'expérience en fournit encore de nouvelles ; car si on rassemble les rayons du soleil et qu'on leur donne par ce moyen un degré d'activité qui accélère le mouvement de la lumière', on met le feu à ce qu'on a exposé au foyer d'un verre ardent.

2

Conséquence qui résulte de ces ex-périences.

Les faits que nous venons d'exposer ne laissent aucun doute sur l'existence d'un agent secret et puissant qui ne peut être autre que la lumière qui, par le moyen de l'agitation et du frottement, devient visible et produit la chaleur et le feu plus ou moins vif, suivant le degré de mouvement qu'elle éprouve. Si ce mouvement est faible, il ne produit qu'une lumière faible ; s'il est plus vif, les étincelles deviennent plus brillantes et sont capables de mettre le feu à de la poudre ; enfin, s'il est porté à un haut degré de vivacité, il produit aussi un feu très-vif et très-actif : tel est celui du tonnerre qui fond dans un instant les métaux les plus durs, et qui calcine les pierres. Mais les effets de la lumière sont encore plus effrayans lorsqu'elle se trouve renfermée dans quelque caverne souterraine ; si elle vient à s'y échauffer et à s'allumer, et qu'il s'y trouve une assez grande quantité de matières propres à lui servir d'aliment, il n'est pas d'obstacle assez puissant pour l'empêcher de se mettre en liberté ; elle dilate l'air par la force expansive de son mouvement circulaire , et ces deux agens réunissant leurs efforts , soulèvent les rochers et ébranlent les fondemens de la terre par de violentes secousses, renversent les édifices , changent le cours des rivières , et répandent au loin la dévastation et les ruines.

Une des principales causes de ces effets funestes, vient de ce que la lumière a, comme tous les fluides , une pente naturelle à se mettre en équilibre , et c'est cet équilibre qui fait régner le calme dans la nature ; mais lorsqu'elle vient à le perdre à cause des différens degrés de chaleur où elle se trouve , soit dans l'intérieur de la terre ou dans l'atmosphère ; si quelque partie de la terre ou de l'air s'en trouve plus ou moins chargée que les autres , c'est un état violent et contre nature qui ne peut pas subsister long-temps , et qui devient la cause ordinaire des vents et des orages , des tonnerres et éclairs, des éruptions de volcans et de feux souterrains ; et ces différentes commotions de la terre et de l'air n'ont lieu que pour rétablir

l'équilibre de ce fluide universel, principal mo-
teur et régulateur de toute la nature.

De l'action de la lumière sur les ani-maux et sur les végétaux.

C'est non-seulement sur les grands objets dont
nous venons de parler que la lumière exerce son
pouvoir ; mais si l'on considère avec quelqu'attention les êtres particuliers qui nous environnent,
tels que les animaux et les végétaux, on recon-
naîtra bientôt que c'est elle qui joue le principal
rôle dans l'économie animale et végétale, qu'elle
anime, échauffe et vivifie tout, et que sans elle
tous les êtres vivans tomberaient dans une léthar-
gie et un engourdissement mortels ; car, quoique
le soleil soit le premier principe du mouvement,
et qu'il semble seul répandre l'abondance et la
vie sur la terre, cependant tous ses présens nous
seraient inutiles si la lumière ne nous les apportait
et ne nous en faisait jouir : continuellement
agitée par le soleil, il n'est pas de lieu si secret,
point de retraite si profonde où elle ne pénètre,
et où elle ne porte ce principe de mouvement, de

chaleur et de vie qu'elle reçoit du soleil, et qui
est proportionné à la nature des êtres vivans et
végétans sur la terre ; c'est ce mouvement qui
entretient la chaleur et la fluidité du sang, et
qui, par un art admirable dont nous parlerons
ci-après, en procure la circulation ; c'est la même
cause qui, dans les végétaux, met la sève en
mouvement, fait enfler et développe les germes,
et conduit tous les fruits à leur point de grosseur
et de maturité. Mais il ne suffit pas de faire l'é-
numération des différens effets que la lumière
produit dans l'univers, il faut encore en rapporter
les preuves, et c'est ce qui va nous occuper dans
la suite.

Des esprits vitaux et du fluide ner-
veux.

On a cru jusqu'ici que le corps des animaux
renfermait certains esprits auxquels on a donné le
nom d'esprits vitaux ou esprits de vie : ce qui a
fait naître cette opinion, c'est qu'après qu'un
bœuf ou quelqu'autre animal a été tué, on a
aperçu des mouvemens convulsifs et une palpi-

tation dans ses membres qu'on a attribués aux
esprits vitaux, et qui durent jusqu'à ce que le
corps soit refroidi. On a de plus remarqué que
ces mouvemens sont beaucoup plus faibles, et
même quelquefois entièrement nuls dans les animaux qui meurent de vieillesse, ou en qui ces
principes de vie ont été épuisés par une longue
maladie.

A l'égard du fluide nerveux, son existence n'a
pas paru moins certaine; c'est, dit-on, une substance très-subtile qui occupe le cerveau et les
nerfs, et qui en les renflant, les rend propres à
exécuter tous les mouvemens du corps volontaires
et involontaires, et à recevoir les différentes im-
pressions des objets pour les transmettre au cerveau, où est le siège de l'entendement.

Mais si on demande ce que c'est que les esprits vitaux et le fluide nerveux, on a toujours
été embarrassé de répondre à cette question. Quelques-uns prétendent, sans preuve, que c'est la
partie la plus subtile du sang; mais le plus grand
nombre convient qu'on l'ignore. Enfin, l'auteur
de l'article *Esprits vitaux* du Dictionnaire Ency-

clopédique tranche la difficulté en deux mots :
« *C'est*, dit-il, *ce qui nous anime et ce qui nous*
» *fait vivre ; mais c'est ce qu'on ne connaît pas*
» *et ce qu'on ne connaîtra jamais.* » Cette opinion s'est encore accréditée depuis l'impression de
ce Dictionnaire, en sorte qu'elle est devenue presque générale. Cependant depuis la découverte de
l'électricité , et qu'on a vu , dans les différentes
expériences qui ont été faites , la lumière jaillir
étincelante du corps des animaux et passer ra-
pidement de l'un à l'autre , il était aisé d'en
conclure qu'ils en contenaient , et que ce qu'on
appelait esprits vitaux et fluide nerveux ne pouvait être que la lumière , d'autant plus propre à
les remplacer , qu'on ne connaît rien dans la nature dont la mobilité soit comparable à la sienne ,
et qui puisse exécuter tous les mouvemens du
corps avec autant de précision et de légéreté. Cette
réflexion , fondée sur le témoignage des yeux ,
était d'autant plus naturelle , qu'étant plongés
dans une mer immense de lumière , il est impossible qu'elle ne pénètre pas dans le corps des
animaux , soit par des pores à travers lesquels

elle passe facilement, soit par tous les organes ,
et sur-tout par la respiration qui semble n'être
un des plus pressans besoins de la nature , que
pour leur donner à chaque instant la faculté de
puiser dans cette précieuse source de vie ce qui
leur est absolument nécessaire pour entretenir
leur force et soutenir leur existence.

Expérience qui prouve que le fluide de la lumière se communique par le contact d'un individu à un autre.

Un fait qui a toujours passé pour constant, sans
qu'on en ait donné de raison suffisante , c'est que
la santé des jeunes gens s'altère lorsqu'ils cou-
chent habituellement avec des gens âgés ou in-
firmes. On prétend que le vieillard , comme un
vampire, attire à lui les forces et les principes de
vie du plus jeune , qui perd en peu de temps ses
couleurs et son embonpoint. On lit même dans
l'histoire de David qu'on employa ce moyen dans sa
vieillesse pour rétablir sès forces , aux dépens de
celles de deux jeunes Sunamites. Or , il est aisé

de rendre raison de cet effet singulier dans notre système.

Nous avons déjà observé que la lumière a, comme tous les fluides, une inclination naturelle à se mettre en équilibre ; de sorte que si on met en contact deux corps qui en soient inégalement partagés, celui qui en a le plus en communique à l'autre en quantité suffisante pour que la balance s'établisse entre eux. Cela supposé, on conçoit que la lumière étant le principe des forces et de la vie, elle doit être plus abondante et plus animée dans un sujet jeune et robuste que dans un vieillard faible et infirme, et qu'elle ne peut se mettre en équilibre entre eux qu'au préjudice du plus jeune, qui doit en souffrir à proportion de l'état de force ou de faiblesse du vieillard.

De la cause du sommeil.

Cette expérience me rappelle une opération de magnétisme animal, que j'ai regardée long-temps comme un tour d'escamoteur, mais dont j'ai reconnu depuis la possibilité, parce qu'elle dé-

rive des mêmes principes que la précédente. Il
s'agissait, dans cette opération, d'endormir quelqu'un par artifice, et voici comme on s'y prenait :
on appliquait sur la personne soumise à l'opération, des matières qui ne contenaient que peu ou
point de fluide, mais qui étaient susceptibles d'en
recevoir ; de sorte que par la loi de l'équilibre on
en diminuait insensiblement le volume dans la
personne qu'on voulait endormir, et on s'aperce-
vait bientôt de l'effet que cette manœuvre produisait sur elle, par différens symptômes avant-cou-
reurs du sommeil auquel elle était enfin forcée de
succomber. Quelque singulière que soit cette expérience, elle n'a cependant rien que de naturel
et dont on ne puisse rendre raison. Voici comme
il me semble qu'on peut l'expliquer.

Ce qui constitue l'état d'une personne éveillée,
c'est lorsque les nerfs et les fibres du cerveau sont
tendus et pénétrés par le fluide de la lumière ; ce
qui les rend propres, comme nous l'avons déjà
dit, à transmettre jusqu'au siège de l'entendement
la connaissance des objets extérieurs. Lorsqu'on som-
meille, au contraire, ce même fluide cesse d'oc-

cuper les nerfs qui se relâchent et se détendent ; ce qui produit le sommeil, pendant lequel toute communication entre les objets extérieurs et le cerveau se trouve suspendue, et ne peut se rétablir que par le réveil. Si donc on a trouvé le moyen de soutirer ce fluide qui renfle les nerfs, cette opération, en les relâchant, doit nécessairement provoquer le sommeil. Mais sans nous arrêter plus long-temps sur cette expérience, en voici une autre si généralement connue que personne ne pourra en contester la vérité.

En effet, personne n'ignore qu'il règne pendant la nuit un repos et un silence général, parce que les animaux, au moins ceux qui ne s'écartent pas des lois de la nature, sont ensevelis dans le sommeil ; mais tout le monde ne sait pas pourquoi tant d'individus de toute espèce semblent s'être donné le mot pour s'endormir tous à la même heure, ou peu après ! On croira satisfaire à cette question en répondant que c'est pour se reposer des fatigues de la journée ; mais les paresseux qui ne travaillent pas, et qui ne sont pas en petit nombre, ne laisent pas de se sentir pressés du sommeil , et de s'endormir comme les autres. Quelle est donc la raison qui les y oblige ?

Un autre phénomène non moins singulier et qui arrive à la même heure , a été observé par plusieurs Médecins et par eux consigné dans le Dictionnaire Encyclopédique , au mot *Soir* , en ces termes : « *C'est vers le temps du coucher du* » *soleil que les malades deviennent plus inquiets,* » *le mal-aise augmente , les douleurs deviennent* » *plus sensibles , souvent à cette heure ils entrent* » *à l'agonie ; quelques-uns ayant retenu pendant* » *le jour un dernier souffle de vie, sont morts* » *au moment où le soleil a cessé d'éclairer l'ho-* » *rizon.* »

La plupart des Médecins ayant reconnu la vérité de cette observation , se sont empressés d'en rechercher la cause ; et pour donner plus d'activité à ces recherches , la Faculté de Médecine de Bruxelles a proposé un prix , et a mis au concours les propositions suivantes : *La nuit exerce-t-elle quelque influence sur les malades ? Y a-t-il des maladies où cette influence soit plus ou moins manifeste ? Quelle est la cause*

physique de cette influence ? Parmi un grand
nombre d'ouvrages qui ont paru sur ces questions,
la plupart composés par d'habiles gens et de cé-
lèbres Médecins, aucun n'a atteint le but qu'on
s'était proposé, par plusieurs raisons : la première,
c'est qu'il est difficile de connaître tout ce qui
peut nuire à notre santé et nous faire mourir,
quand on ne connaît pas ce qui nous fait vivre ;
et en second lieu, c'est que les questions ont
été mal présentées, et ont détourné l'attention
des auteurs des mémoires sur un autre objet
que celui dont ils devaient s'occuper. En effet,
ces trois questions ne parlent que des influences
de la nuit, sans dire un mot de celles du soleil
qui était le principal objet auquel on devait s'at-
tacher. Il en est arrivé que les auteurs des mémoires n'ont parlé uniquement que de la nuit,
les uns d'une façon, les autres de l'autre, et
qu'aucun n'a donné la vraie solution des phénomènes.

Il faut voir maintenant si nous serons plus
heureux qu'eux. D'abord les animaux s'en-
dorment au coucher du soleil ou peu après, parce

que la lumière n'étant plus agitée par la présence du soleil, perd son mouvement et son ressort, ce qui produit un relâchement général dans les nerfs des animaux, et en conséquence le sommeil qui en est la suite nécessaire ; à l'égard des malades qui périssent au soleil couchant ou dans le cours de la nuit, le soleil et la lumière étant les sources de la vie, il n'est pas étonnant que dès qu'ils cessent de nous faire sentir leur influence, les malades, trop faibles pour soutenir cette privation, périssent au soleil couchant ou dans le courant de la nuit, et que ceux qui sont en pleine santé tombent dans un état d'inaction et d'insensibilité qui approche de la mort, et qui en est la plus parfaite image.

C'est donc uniquement la disparition du soleil et la cessation du mouvement de la lumière qui causent cette espèce de désordre qui arrive tous les jours dans la nature, et auquel on ne prend pas garde parce qu'on y est accoutumé, mais qui serait regardé comme une calamité publique s'il n'arrivait qu'une fois par an. La terre prend le deuil et se couvre de ténèbres ; tous les animaux sont privés subitement de presque toutes leurs facultés, comme s'ils étaient frappés d'appoplexie , et la plupart des malades périssent. On croit entendre la relation des obsèques de certains monarques des Indes , à la mort desquels on sacrifiait d'abord toutes les femmes de leur sérail , ensuite tous les officiers tant civils que militaires qui les avaient servis pendant leur vie , afin qu'ils allassent lui rendre les mêmes services dans un autre monde , ce qui portait le nombre des victimes à plusieurs milliers d'individus. Le soleil en use de même à notre égard , et quand il nous quitte pour aller éclairer un autre hémisphère , il en coûte la vie à une infinité de malades ; il est même si néces-saire à notre existence , qu'il y a des gens délicats qu'une simple éclipse de soleil réduit à un état de faiblesse et d'abattement qui dure pendant tout le temps de l'éclipse. C'est ce qui rend les ma-ladies plus funestes la nuit que le jour , comme les Médecins l'ont observé ; il n'y en a qu'une seule espèce , ce sont les maladies inflammatoires , auxquelles la nuit , loin d'être nuisible , apporte au contraire un soulagement notable. La raison de cette différence vient de ce que ces maladies sont toujours accompagnées d'une grande irritation dans les nerfs, et que le relâchement qu'ils éprouvent au coucher du soleil et pendant la nuit, est un vrai baume pour ces maladies.

De la nécessité du Sommeil.

Quoique le passage du jour à la nuit produise d'assez grands maux, comme nous venons de le voir, cependant on ne peut pas s'empêcher de reconnaître dans le sommeil les soins paternels d'une providence bienfaisante qui, par une suite de l'ordre qu'elle a établi dans l'univers, a obligé en quelque sorte les animaux à prendre, au moins une fois en vingt-quatre heures, un repos nécessaire pour rétablir leurs forces, rafraîchir leur sang, ménager la délicatesse de leurs organes, et par ce moyen prolonger la durée de leur vie; car, si la lumière en est le principe, elle est aussi une des causes qui contribuent à en abréger le cours; les différens degrés de chaleur qu'elle éprouve dans les divers âges et circonstances de la vie, dessèchent et endurcissent les nerfs par le long et continuel usage ; et quand ils sont parvenus à un certain degré de roideur , elle se trouve trop faible pour les ébranler, ce qui produit la surdité , la débilité de la vue et toutes les infirmités de la vieillesse , qui augmentent journellement avec l'âge , et nous conduisent insensiblement à notre dernière heure , qui arrive lorsque le mouvement de la lumière cesse entièrement, et que ce flambeau de la vie vient à s'éteindre tout-à-fait. Ainsi , quand nous pourrions échapper à toutes les maladies qui attaquent l'humanité , nous n'éviterions pas le desséchement ni l'endurcissement, qui sont les suites inévitables d'une longue vie , et c'est encore un trait de ressemblance que nous avons avec les végétaux qui périssent aussi par la même cause.

Autres preuves tirées de la génération des animaux.

Les animaux naissent vivans ; mais d'où tirent-ils le mouvement qui les anime ? Quelle est la puissance qui produit la première pulsation du cœur dans le fœtus ? Les anciens traités de physique

3

et de médecine, loin de donner des lumières, n'ont produit que des erreurs sur cette question. Au lieu de fixer leur attention sur le soleil, ce premier principe de tout mouvement, cette ame universelle de la nature, les philosophes ont cru long-temps qu'il y en avait deux différentes dans l'homme, dont la première, d'un ordre supérieur, ne s'occupait qu'à penser, tandis que l'autre, qu'on croyait semblable à celle des animaux, procurait l'ordre, l'accroissement et le mouvement des différentes parties du corps; mais ce système a été abandonné depuis qu'on a reconnu que l'ordre et l'accroissement des diverses parties du corps n'était, dans les animaux comme dans les végétaux, qu'un simple développement de parties auquel l'ame ne prend aucune part; de sorte que la question se réduisit à savoir qui est-ce qui produit le mouvement nécessaire à ce développement et à la vie.

Une découverte importante qui fut faite au commencement du dernier siècle ou sur la fin du précédent, attira l'attention générale, et donna lieu à un nouveau système, c'est celui des animaux spermatiques : on aperçut , à l'aide du microscope , dans la semence des animaux , un grand nombre de petits êtres vivans et animés , qui nageaient dans cette liqueur ; cette découverte où la nature semble vouloir se dévoiler , ne produisit cependant que de nouvelles erreurs , et la plupart des observateurs prirent ces petits êtres animés pour autant d'individus de la même espèce ; d'où il suivrait que la nature n'en produisait en si grande quantité que pour les détruire , et n'en laisser subsister qu'un , ou tout au plus un très-petit nombre.

Enfin , le grand naturaliste de notre siècle n'adopta point ces opinions bizarres ; mais il a attribué le mouvement qu'on aperçoit dans la semence à des molécules organiques de matières vivantes et animées , qui ont été tirées des différentes parties du corps des animaux. En effet , il est très-probable que la semence est un extrait de toutes ces parties qui ont fourni chacune leur contingent à la masse , et que l'animal entier y est renfermé en raccourci , et n'a plus besoin que de développement ; ce n'est même que par ce moyen qu'on peut rendre raison de la ressemblance des enfans avec leurs père et mère, ainsi que des vices de conformation et des maladies qui sont héréditaires dans certaines familles. Cependant cette explication ne résout pas entièrement la difficulté, et il reste toujours à savoir qui est-ce qui donne le mouvement et la vie à ces molécules organiques, et c'est ici qu'il faut nécessairement recourir à notre système. En effet, nous avons prouvé précédemment que la lumière existe dans le corps des animaux, que c'est elle qui les anime et qui les fait vivre ; qu'est-il besoin de plus amples raisons pour prouver que les molécules organiques de M. de Buffon ne sont rien autre chose que des particules de lumière qui causent le mouvement qu'on aperçoit, qui est le premier rudiment de la vie et le premier principe de l'organisation. Un seul de ces globules de lumière tels que j'en ai vus en assez grand nombre dans l'observation dont j'ai fait le récit plus haut, un seul, dis-je, avec son mouvement de contraction et de dilatation, qui est un vrai mouvement de systole et de diastole, paraît suffire pour établir le mouvement du cœur , qui doit durer autant que la vie de l'animal , et devenir le foyer de la chaleur naturelle.

Et pour qu'on ne prenne point ceci pour une supposition gratuite ou une conjecture avancée au hasard , mais pour une vérité de fait , en voici la preuve :

Elle se tire d'une observation faite par Hervey , célèbre anatomiste anglais , qui le premier a découvert la circulation du sang , et qui s'est occupé pendant nombre d'années à faire des observations sur les fœtus des animaux , cet habile homme dit : « *que le quatrième jour de l'incuba-* » *tion , il a vu très-distinctement dans l'œuf le* » *battement du cœur du poulet , et qu'il pa-* » *raissait à chaque diastole une petite étincelle* » *de lumière qui disparaissait à chaque systole.* » Ce fait , rapporté par M. de Buffon , est d'autant plus digne d'attention , que ni lui ni Hervey ne connaissaient pour lors l'usage qu'on pouvait faire de cette observation , ni les conséquences qui en résultent en faveur de notre système. En effet , on ne peut pas méconnaître dans cette

étincelle observée par Hervey ce même globule
de lumière dont je viens de parler, qui paraît et
disparaît pour former le battement du cœur du
poulet, et attendu l'uniformité des moyens que
la nature a coutume d'employer pour parvenir
à une même fin, on en doit conclure que cette
mécanique admirable est commune à tous les
animaux.

Je joindrai encore aux différentes preuves que
j'ai données, une remarque de Voltaire qui vient à
l'appui du même système. Une chose qui lui pa-
raissait inconcevable, et qui le serait en effet, si
la lumière n'était pas le principal agent des
opérations du cerveau, c'est cette multitude
d'idées qui sont gravées dans la mémoire, et
qui y occupent leurs places chacune dans son
ordre, comme des lignes d'écriture tiennent la
leur sur du papier. Comment est-il possible que
des connaissances aussi étendues et aussi variées
que les ont quelques savans, dont la tête est une
vraie bibliothèque vivante, puissent se loger dans
un aussi petit espace que le cerveau qui n'a guère
que trois pouces d'étendue; c'est ce qui serait

en effet impossible si on ne connaissait pas la prodigieuse divisibilité de la lumière, qui est telle, au rapport des philosophes qui se sont le plus occupés de cet objet, qu'il est des rayons de lumière plusieurs millions de fois plus minces que l'épaisseur d'un cheveu, d'où l'on peut juger de l'extrême délicatesse des traits qu'ils forment dans le cerveau, qui, malgré son peu d'étendue, en peut contenir par ce moyen une immense quantité.

De la présence de l'ame dans le cerveau.

De toutes les fonctions que la lumière remplit dans le corps humain, celle-ci est assurément la plus noble, puisqu'elle la met dans une relation continuelle avec l'ame, et qu'en exécutant ses ordres elle participe en quelque sorte à ses opérations; car, ainsi qu'on se sert du gouvernail pour écarter un vaisseau des écueils, de même l'ame, toujours attentive à la sureté et aux besoins du corps, emploie le fluide de la lumière pour diriger ses mouvemens et l'éloigner des dangers qui le menacent. C'est dans le cerveau où cet être spirituel et immortel doit faire sa résidence, et non dans le cœur ou l'estomac, comme quelques-uns le prétendent avec peu de fondement; et il serait d'autant plus à propos de déterminer d'une manière fixe, et fondée sur les raisons les plus apparentes, la place qu'elle doit occuper dans le corps humain, que cette incertitude donne lieu à plusieurs erreurs, et que chacun se donne la liberté de la placer où il juge à propos, même dans les endroits les plus indécens, que quelques-uns affectent de choisir de préférence pour faire un sujet de risée de ce que l'homme possède de plus noble et de vraiment estimable. Ce n'est pas ainsi que pensaient les anciens philosophes, qui, quoique nés et élevés dans les erreurs du paganisme, avaient des sentimens bien plus justes sur la noblesse et la dignité de l'homme; et on se souvient toujours avec intérêt de ces deux vers d'un poëte latin, qui dit que Dieu donna à l'homme une stature droite pour le détacher de la terre et le mettre plus à portée d'élever ses regards vers le Ciel.

Os homini sublime dedit, cœlumque tueri
Jussit, et erectos ad sidera tollere vultus.

Il faut convenir que ce poëte , tout payen qu'il
était , connaissait mieux la vraie destination de
l'homme que certains docteurs modernes qui ,
pour nous consoler de l'injustice des hommes et
de toutes les peines de la vie , nous montrent le
néant en perspective , comme notre dernière fin et
le sort qui nous attend ; système odieux qui n'est
propre qu'à donner plus de hardiesse au crime et
à dégoûter de la vertu.

Quant à ce que j'ai dit que l'ame est dans le
cerveau , je n'ai pas prétendu pour cela qu'elle
y occupe une place comme les êtres matériels qui
ayant tous une certaine étendue en longueur,
largeur et épaisseur , ont besoin d'un certain
espace pour s'y loger; l'ame au contraire n'étant
pas composée de parties , ne peut en occuper
aucun , et on ne peut pas dire proprement qu'elle
soit ni dans la glande pinéale , ni dans le cervelet ,
ni dans aucune autre partie du cerveau , quoi-

qu'elle y fasse toutes ses opérations : c'est là en effet où se forme la pensée qui élève si fort l'homme au-dessus des autres animaux, c'est dans la tête où aboutissent tous les nerfs, et où sont placés tous les sens, et chacun peut se convaincre, par sa propre expérience, que c'est là où est le siège de l'entendement, du jugement, de la mémoire et de toutes nos facultés intellectuelles. D'ailleurs le visage qui est une partie essentielle de la tête de l'homme, est le tableau vivant de toutes les passions qui l'agitent; c'est là où viennent se peindre, comme dans un miroir, la joie, la tristesse, l'amour, la haine, la colère, le désespoir, etc. ; c'est un livre ouvert où les physionomistes viennent lire le caractère et les inclinations de chaque individu; enfin, il n'est aucune partie du corps où la présence de l'ame se manifeste avec autant d'évidence que sur le visage, et principalement dans les yeux.

On peut encore tirer une nouvelle preuve de la résidence de l'ame dans le cerveau, de ce que la lumière s'y rassemble avec plus d'abondance que par-tout ailleurs : qu'un homme ait fait quelqu'exercice violent , ou qu'il se soit échauffé la tête par une application extraordinaire , comme à résoudre quelque problème de géométrie , on voit , dans l'obscurité , sortir des étincelles de ses yeux ; qu'il soit travaillé d'un fièvre ardente , ou qu'il reçoive un coup sur le visage , il est ébloui de la quantité de lumière qui s'échappe de ce magasin , où elle est toujours en sentinelle pour obéir plus promptement aux ordres de l'ame.

CONCLUSION.

Les différentes preuves que nous avons employées pour justifier notre opinion sur l'origine du mouvement et de la vie des animaux , nous paraissent suffisantes pour en démontrer la vérité ; ainsi nous ne les multiplierons pas davantage , étant persuadé que ceux qui en sentiront la force ne se refuseront pas aux conséquences qui en résultent , c'est-à-dire à la pleine conviction de la vérité de notre système qui , avec l'explication claire et facile qu'il présente de tous les phéno-mènes qui y ont rapport , offre encore une certaine simplicité noble qui distingue toujours les ouvrages du Créateur. Le soleil et la lumière, voilà les deux seuls agens qui mettent toute la nature en mouvement; rien de plus simple ni en même temps de plus noble que ces deux causes; et quand on considère que la seule rotation du soleil sur son propre centre, produit non-seulement la lumière qui éclaire l'univers, mais que ce moyen si simple communique encore le mouvement et la vie à tous ces millions d'animaux et de végétaux répandus sur la surface de la terre et dans la vaste étendue des mers, on est saisi d'étonnement, et l'on ne peut s'empêcher de s'écrier, dans un transport d'admiration : *mirabilia opera tua, Domine!* Seigneur, combien vos ouvrages sont admirables !

Réflexions sur la nature de la lumière.

La question que nous venons de traiter en a fait naître une autre qui n'est pas moins importante. Si la lumière est le principe de notre vie, comme nous croyons l'avoir prouvé, rien n'est plus intéressant pour nous que d'en connaître la nature ; mais c'est à quoi il est d'autant plus difficile de réussir, qu'il n'existe aucun objet auquel on puisse la comparer ; c'est un être unique qui ne ressemble à rien, une espèce de Protée ou de caméléon qui change souvent de forme et de couleur. On n'a reconnu jusqu'ici que deux espèces de substances dans la nature, l'esprit et la matière, et on ne sait dans laquelle des deux on doit la placer. L'inconcevable petitesse de ses rayons effraie l'imagination ; et la plupart des philosophes, à la tête desquels se trouve Newton, n'ont pas voulu décider si elle est de la matière ou non ; il n'y a que ceux qui veulent n'en admettre qu'une seule qui pensent différemment. Cependant quoiqu'on ne puisse pas nier qu'elle ait quelques qualités communes avec la matière, telles que d'être visible et divisible, elle porte cette dernière à un degré si excessif, qu'il est difficile de se persuader que la matière puisse y atteindre ; d'ailleurs elle possède une autre qualité absolument étrangère à cette dernière, c'est la pénétrabilité : la multitude infinie de rayons

qui part des différens corps lumineux , se traver-
sent et se pénètrent dans tous les sens les uns les
autres , sans se confondre et sans changer leur
direction en ligne droite , et c'est ce qui est absolument impossible à la matière ; d'où l'on tire
la conséquence que la lumière n'est pas maté-
rielle. On peut encore moins prétendre qu'elle
soit spirituelle : que serait-elle donc? S'il est
permis de hazarder quelques conjectures , il semble que le parti le plus raisonnable qu'on puisse
prendre, est de la regarder comme une substance
mixte qui tient le milieu entre l'esprit et la matière , et qui est propre à réunir ces deux substances si disproportionnées ; en sorte que c'est par
son moyen que se forme cette union admirable
de l'ame et du corps qui a toujours passé pour
un mystère incompréhensible , et qui dans cette
hypothèse devient beaucoup plus intelligible.

Cette opinion paraît d'autant plus vraisembla-
ble , que l'Auteur de la nature ayant dessein
d'unir étroitement l'ame et le corps , qui sont
deux substances incompatibles , semblait pouvoir
exécuter ce dessein de deux manières ; savoir, par

un miracle éclatant de sa toute-puissance, mais en violant une des principales lois qu'il a lui-même établies , ou par un moyen plus simple et plus digne de sa sagesse , en interposant entre elles une substance mitoyenne qui , participant aux qualités de l'un et de l'autre , pût en faire la liaison , et rien n'était plus propre à l'exécution de ce dessein que la lumière.

La conséquence la plus importante qui résulte de ce système nous découvre une grande vérité inconnue jusqu'ici , c'est que l'ame n'ayant de communication avec les sens que par le moyen de la lumière , n'a en conséquence de relation directe qu'avec elle , et se trouve par ce moyen dégagée de toute liaison immédiate avec la matière ; vérité dont il est d'autant plus nécessaire de se convaincre , qu'on n'aura plus de prétexte pour les confondre , comme ont essayé de le faire de prétendus philosophes , assez dépourvus de raison pour attribuer la faculté de penser à la matière.

Peut-être pourrait-on croire qu'il n'est pas possible de prouver que l'ame n'a aucune communication directe avec la matière ; mais on se détrompera en considérant de quelle manière se fait la vision.

D'abord la lumière couvre l'objet , l'enveloppe et en prend la forme et toutes les dimensions ; et ensuite , en se réfléchissant , elle en va peindre l'image au cerveau , en la faisant passer par les yeux , dont les différentes parties servent , les unes, comme la rétine , à ne laisser entrer que la quantité de lumière nécessaire pour éclairer l'objet ; d'autres pour en diminuer la grandeur et la proportionner à la place qu'il doit occuper dans le cerveau , et ainsi des autres. Mais qu'est-ce que tout cela ? De simples accessoires de l'opération principale qui consiste à présenter à l'ame l'image de l'objet , et c'est la lumière qui en est chargée et qui s'en acquitte seule , et sans que la matière y entre pour rien , puisqu'on ne voit au fond de l'œil que la peinture seule de l'objet représenté par la lumière ; et s'il en est ainsi du sens de la vue , on doit présumer qu'il en est de même des autres sens.

FIN